Bibliografische Information der Deutschen Nationalbibliothek:

Die Deutsche Bibliothek verzeichnet diese Publikation in der Deutschen National-
bibliografie; detaillierte bibliografische Daten sind im Internet über http://dnb.d-
nb.de/ abrufbar.

Impressum:

Copyright © 2016 GRIN Verlag, Open Publishing GmbH
Druck und Bindung: Books on Demand GmbH, Norderstedt Germany
ISBN: 9783668554801

Dieses Buch bei GRIN:

http://www.grin.com/de/e-book/378401/versuch-zur-isolierung-und-charakterisie-
rung-von-urease-harnstoff-amidohydrolase

Anita Greinke

Versuch zur Isolierung und Charakterisierung von Urease (Harnstoff-Amidohydrolase)

Ein Protokoll

GRIN Verlag

Ruhr- Universität Bochum
Fakultät für Chemie und Biochemie
Sommersemester 2016

Lehrstuhl für Biochemie II
Biochemisches Grundpraktikum für Chemiker

Versuch G-03 –
Isolierung und Charakterisierung

von Urease

Datum: 16.06.2016

Anita Greinke
2. Fachsemester Master of Education
Chemie und Katholische Theologie

Inhaltsverzeichnis

1 Einleitung

Der Versuch G-03 befasst sich schwerpunktmäßig mit drei Aspekten, die in der Einleitung genauer beschrieben werden sollen. Dabei handelt es sich um das Enzym „Urease", das als ersten vorgestellt und erläutert wird. Weiterhin steht der optische Test im Mittelpunkt des Versuches, weshalb dieser in einem zweiten Schritt erklärt wird. Weiterhin wird in weiteren Verlauf die Methode nach Bradford angewandt, weshalb auch diese in der Einleitung Aufmerksamkeit erhält.

Bei der Urease (Harnstoff-Amidohydrolase) handelt es sich um ein Enzym, welches als Desaminase die Hydrolyse von Harnstoff katalysiert. Dabei entstehen die primären Produkte Carbaminsäure und Ammoniak. Im weiteren Verlauf zerfällt die Carbaminsäure spontan zu Ammoniak und Kohlensäure.

$$\underset{\text{H}_2\text{N}}{\overset{\text{O}}{\|}}\text{NH}_2 + \text{H}_2\text{O} \xrightarrow{\text{Urease}} \underset{\text{H}_2\text{N}}{\overset{\text{O}}{\|}}\text{O}^- + \text{NH}_4^+ \longrightarrow 2\,\text{NH}_3 + \text{CO}_2$$

Abb. 1: Katalysierte Reaktion der Urease.

Das Enzym kehrt die Eliminierung des Harnstoffs um in eine Hydrolyse.

Ureasen sind Nickel-Enzyme, da Nickel-Atome im aktiven Zentrum vorhanden sind, genauer gesagt handelt es sich um ein 2-Nickel-Zentrum, wie den Abbildungen 2 und 3 entnommen werden kann. Die Nickel-Ionen werden über die carbamylierte Seitenkette eines Lysinrestes (Lys 220) und über ein Wassermolekül auf der anderen Seite überbrückt.

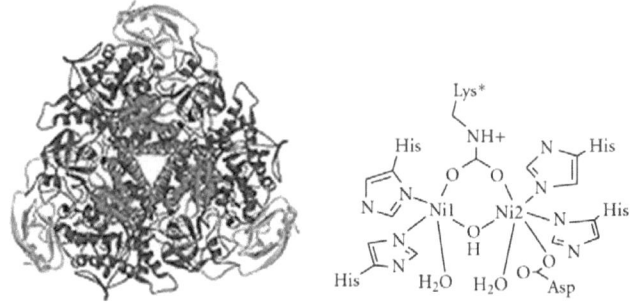

Abb. 2: Darstellung von Urease (2011.igem.org) Abb. 3: Strukturformel von Urease (www.hindawi.com)

3

Zur Bestimmung der Enzymaktivität wird im Versuch G-03 das Verfahren des gekoppelten optischen Tests mit Glutamatdehydrogenase (GLDH) verwendet. Die Methode wurde 1936 von Otto Warburg eingeführt. In diesem Verfahren wird neben der Harnstoffzersetzung durch Urease eine zweite enzymatische Reaktion mit der GLDH parallel laufen gelassen. Dabei werden α-Ketoglutarat und NADH in Abhängigkeit von Ammonium zu Glutamat und NAD^+ umgesetzt.

$$(NH_2)_2CO + H_2O + 2H^+ \longrightarrow \boxed{2\,NH_4^+} + CO_2$$

$$\boxed{2NH_4^+} + 2\alpha\text{-Ketoglutarat} + 2NADH \underset{\longleftarrow}{\overset{GLDH}{\longrightarrow}} 2\,Glutamat + 2H_2O + 2NAD^+$$

Abb. 4: Reaktionen von Urease und GLDH; gekoppelt optischer Test.

Das in der ersten Reaktion gebildete Ammonium findet als Substrat Verwendung in der zweiten Reaktionen. Die Besonderheit an diesen zwei Reaktionen liegt in den verschiedenen Absorptionsspektren der Substrate und Produkte. NAD^+ besitzt ein Absorptionsmaximum bei 260 nm, NADH hingegen besitzt zwei Absorptionsmaxima, und zwar bei 340 nm und bei 260 nm. Dies bedeutet, dass die Reaktionen, an denen die GLDH teilnimmt, über das Erscheinen und Verschwinden der Absorptionsbanden bei 340 nm messbar sind. Die Messung dient dann al Maß für den Reduktionsgrad von NAD^+. Damit das Verfahren erfolgreich ist, muss auf die Bedingungen geachtet werden, denn es gilt, dass das Gleichgewicht auf der rechten Seite liegt und die Ureasereaktion somit geschwindigkeitsbestimmend ist.

Zur Ermittlung der spezifischen Aktivität der Urease, muss die Menge an isoliertem Protein in den Proben ermittelt werden. Dazu wird die Methode nach Bradford verwendet. Bei dem Bradford-Assay handelt es sich um eine kolorimetrische Methode zur Konzentrationsbestimmung von Proteinen. Kern des Assays ist, dass die Bindung von Coomassie Brilliant Blue an ein Protein in saurer Lösung die Verschiebung des Absorptionsmaximums des Farbstoffs von 465 nm nach 595 nm verursacht. Daher ist die Absorption bei 595 nm in einem Bradford-Assay ein direktes Maß für die Proteinkonzentration (vgl. Voet/Voet).

2 Durchführung

Zu Beginn des Versuches wurden die Harnstofflösungen und der Reagentienmix angesetzt. Die Harnstofflösungen wurden zu vorgegeben Lösungen (Skript S. 14) verdünnt. Die Stocklösung betrug 1 M (somit ergab sich, dass eine 0,7 M aus 700 µl Harnstoff und 300 µl Wasser angesetzt wurde). Der Reagentienmix wurde laut Versuchsvorschrift angesetzt (Skript S. 14). Weiterhin wurden zwei Urease Lösungen mit unterschiedlicher Verdünnung angesetzt. Für die Verdünnung von 1:20 wurden 5 µl Urease und 95 µl EDTA/DTA vermengt, für die Verdünnung von 1:100 dementsprechend 1 µl Urease und 99 µl EDTA/DTA.

Im Anschluss wurde eine UV Küvette mit der Urease-Verdünnung von 1:100, dem Reagentienmix, der GDLH-Lösung und Wasser (nach Skriptvorschrift, S. 15) befüllt. Es wurden 50 µl 0,3 M Harnstofflösung in die Küvette gegeben und 10 s vermischt. Alle 15 Sekunden wurde die Extinktion bei 340 nm gemessen (Tab. 1). Anschließend wurde die Küvette mit bidestilliertem Wasser ausgewaschen und mit der Urease-Verdünnung von 1:20 und den restlichen Stoffen laut Skript (S. 15) befüllt. Es wurde der gleiche Versuchsablauf durchgeführt und die Extinktionen gemessen (Tab. 2).

Für die weitere Durchführung wurde die Ureaselösung mit einer Verdünnung von 1:20 verwendet, weil die Extinktionsänderung dort nach 180 s abgeschlossen war. Für die Aktivitätsbestimmung der isolierten Urease wurden acht Mischungen aus Reagentienmix, GLDH-Lösung, Wasser und der 1:20 Urease-Verdünnung angefertigt (Mengenangaben sind dem Skript zu entnehmen, S. 16). Anschließend wurden 50 µl einer bestimmten Harnstoffkonzentration (Angabe erfolgte nach Skriptanweisung) in die Küvette hinzu pipettiert und die Extinktionen alle 15 s gemessen (Tab. 3-10 und Graph 1-8).

Im letzten Versuchsabschnitt wurden 9 Einmalküvetten nach dem Schema im Skript (S. 17) mit bidest. Wasser und einer BSA-Stocklösung befüllt und, nachdem 1000 µl Bradford Reagenz hinzugegeben wurden, die Extinktionen bei 595 nm nach einer Inkubationszeit von 5 min gemessen (Tab. 10). Weiterhin wurden 3 Küvetten nach dem Schema im Skript (S. 18) mit bidest. Wasser und der unverdünnten Urease-Lösung befüllt, mit 1000 µl Brad-

ford Reagenz versetzt und nach einer 5 minütigen Inkubationszeit die Extinktionen bei 595 nm gemessen (Tab. 11).

3 Auswertung

In dem ersten Versuchsteil wurde die Kinetik der Urease untersucht.
Für die weiteren Versuche wurde eine Verdünnung von 1:20 genutzt, da keine
starke Extinktionsänderung im weiteren Verlauf zu vernehmen war. Die beiden
Tabellen zeigen die Extinktionswerte bei 340 nm der beiden Verdünnungen.

Tab. 1: Absorption Verdünnung 1:100   Tab. 2: Absorption Verdünnung 1:20

t	E bei 340 nm
0	0
15	-0,099 €
30	-0,158 €
45	-0,217 €
60	-0,289 €
75	-0,372 €
90	-0,475 €
105	-0,571 €
120	-0,667 €
135	-0,758 €
150	-0,853 €
165	-0,948 €
180	-1,036 €
195	-1,118 €
210	-1,198 €
225	-1,257 €
240	-1,297 €
255	-1,319 €
270	-1,330 €
285	-1,335 €
300	-1,337 €
315	-1,339 €
330	-1,340 €
345	-1,341 €
360	-1,342 €
375	-1,343 €
390	-1,344 €
405	-1,345 €
420	-1,346 €

t	E bei 340 nm
0	0
15	-0,064
30	-0,146
45	-0,262
60	-0,406
75	-0,567
90	-0,752
105	-0,924
120	-1,090
135	-1,223
150	-1,293
165	-1,305
180	-1,307
195	-1,309
210	-1,310
225	-1,310
240	-1,310

Bei dem Graphen der Messung mit einer Verdünnung von 1:20 ist zu erkennen, dass
nach 180 s keine starke Änderung mehr auftritt.

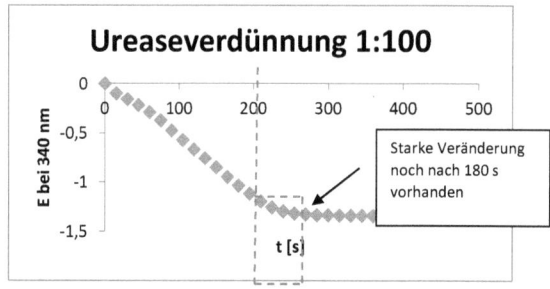

Graph 1: Absorption bei einer Ureaseverdünnung von 1:100

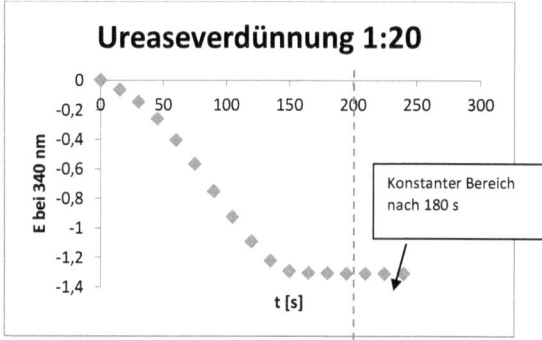

Graph 2: Absorption bei einer Ureaseverdünnung von 1:20

Anhand der Einzeichnung bei 180 s kann klar der weitere Verlauf in Graph 2 als konstant bewertet werden, weshalb sich diese Extinktion als geeignet für den weiteren Versuch herausstellte.

Im weiteren Versuchsablauf wurden die Extinktionen in Abhängigkeit von der Zeit für die Ureaseverdünnung von 1:20 bei unterschiedlichen Harnstoffkonzentrationen gemessen. Im Folgenden werden die acht tabellarischen Auswertungen angezeigt. Daraufhin erfolgt eine graphische Darstellung inklusive einer Auswertung der Daten mittels Regression.

Tab. 3: Harnstoffkonzentration von 0,03 M   Tab. 4: Harnstoffkonzentration von 0,05 M

t	E bei 340 nm
0	0
15	-0,022
30	-0,056
45	-0,107
60	-0,165
75	-0,238
90	-0,324
105	-0,416
120	-0,512
135	-0,605
150	-0,705
165	-0,801
180	-0,892
195	-0,980
210	-1,070
225	-1,146
240	-1,205
255	-1,239
270	-1,254
285	-1,259
300	-1,262
315	-1,264
330	-1,265
345	-1,267
360	-1,268
375	-1,268

t	E bei 340 nm
0	0
15	-0,012
30	-0,046
45	-0,098
60	-0,158
75	-0,230
90	-0,322
105	-0,413
120	-0,505
135	-0,599
150	-0,713
165	-0,819
180	-0,926
195	-1,025
210	-1,117
225	-1,187
240	-1,227
255	-1,244
270	-1,249
285	-1,251
300	-1,253
315	-1,254
330	-1,256
345	-1,256

Tab. 5: Harnstoffkonzentration von 0,07 M   Tab. 6: Harnstoffkonzentration von 0,1 M

t	E bei 340 nm
0	0
15	-0,034
30	-0,063
45	-0,103
60	-0,153
75	-0,224
90	-0,283
105	-0,357
120	-0,430
135	-0,515
150	-0,618
165	-0,711
180	-0,802
195	-0,893
210	-0,981
225	-1,069
240	-1,134
255	-1,200
270	-1,233
285	-1,246
300	-1,250
315	-1,251
330	-1,252

t	E bei 340 nm
0	0
15	-0,040
30	-0,076
45	-0,126
60	-0,183
75	-0,251
90	-0,343
105	-0,424
120	-0,511
135	-0,602
150	-0,712
165	-0,810
180	-0,910
195	-1,001
210	-1,083
225	-1,158
240	-1,190
255	-1,205
270	-1,211
285	-1,212
300	-1,213

Tab. 7: Harnstoffkonzentration von 0,2 M

t	E bei 340 nm
0	0
15	-0,007
30	-0,060
45	-0,138
60	-0,233
75	-0,343
90	-0,478
105	-0,629
120	-0,753
135	-0,887
150	-1,031
165	-1,142
180	-1,209
195	-1,234
210	-1,239
225	-1,241
240	-1,242

Tab. 8: Harnstoffkonzentration von 0,3M

t	E bei 340 nm
0	0
15	-0,084
30	-0,142
45	-0,217
60	-0,312
75	-0,419
90	-0,546
105	-0,675
120	-0,811
135	-0,943
150	-1,085
165	-1,204
180	-1,286
195	-1,321
210	-1,329
225	-1,331
240	-1,332

Tab. 9: Harnstoffkonzentration von 0,5 M

t	E bei 340 nm
0	0
15	-0,086
30	-0,196
45	-0,344
60	-0,527
75	-0,728
90	-0,956
105	-1,156
120	-1,288
135	-1,322
150	-1,326
165	-1,327
180	-1,328

Tab. 10: Harnstoffkonzentration von 0,7 M

t	E bei 340 nm
0	0
15	-0,144
30	-0,226
45	-0,343
60	-0,486
75	-0,644
90	-0,798
105	-0,979
120	-1,185
135	-1,276
150	-1,309
165	-1,311
180	-1,313
195	-1,314

Folgende Graphen lassen sich durch die Ergebnisse anfertigen. Dabei wurden auch die Trendlinien für den weitgehend konstanten Bereich ermittelt, da die Steigung der Geraden für die weitere Berechnung erforderlich ist. Die Gleichung für die Steigung ergibt sich aus folgendem mathematischen Zusammenhang: $m = \frac{\Delta E}{\Delta t}$

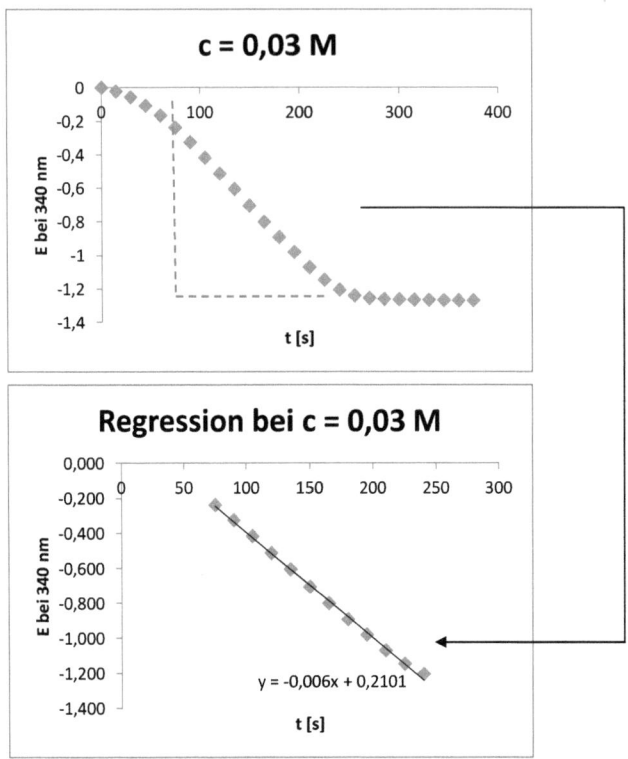

Graph 3: Absorption bei 340 nm bei einer Harnstoffkonzentration von 0,03 M inkl. Regressionsgerade

Die Steigung der Regressionsgeraden beträgt m= -0,006 $[\frac{1}{s}]$ für die Auswertung bei einer Harnstoffkonzentration von 0,03 M.

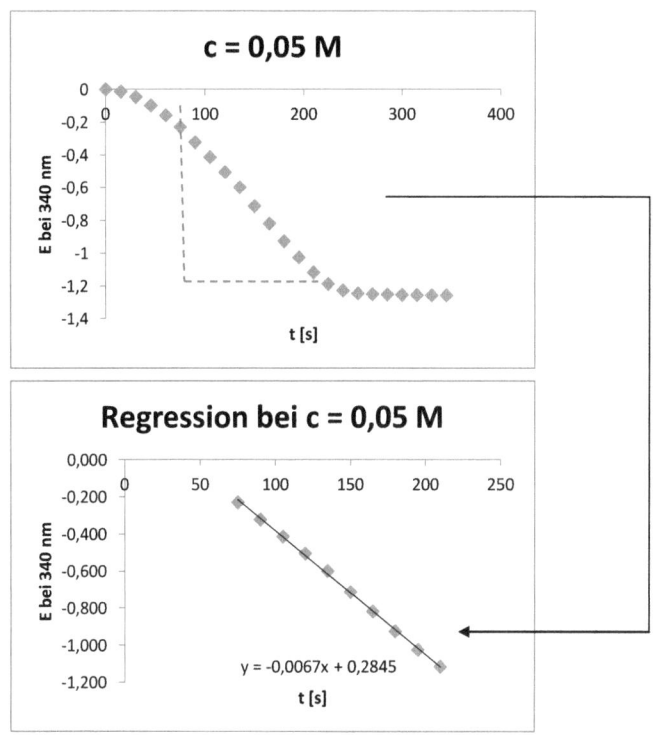

Graph 4: Absorption bei 340 nm bei einer Harnstoffkonzentration von 0,05 M inkl. Regressionsgerade

Die Steigung der Regressionsgeraden beträgt m= -0,0067 $[\frac{1}{s}]$ für die Auswertung bei einer Harnstoffkonzentration von 0,05 M.

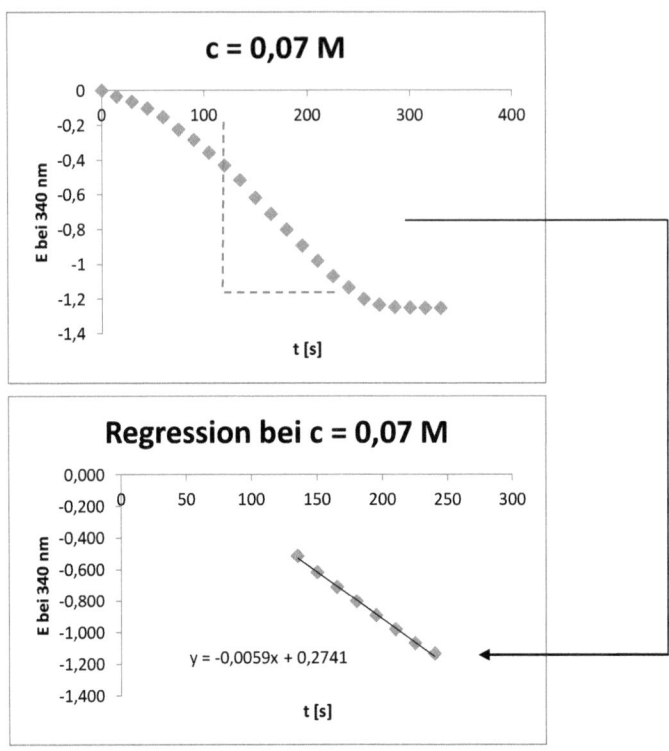

Graph 5: Absorption bei 340 nm bei einer Harnstoffkonzentration von 0,07 M inkl. Regressionsgerade

Die Steigung der Regressionsgeraden beträgt m= -0,0059 $[\frac{1}{s}]$ für die Auswertung bei einer Harnstoffkonzentration von 0,07 M.

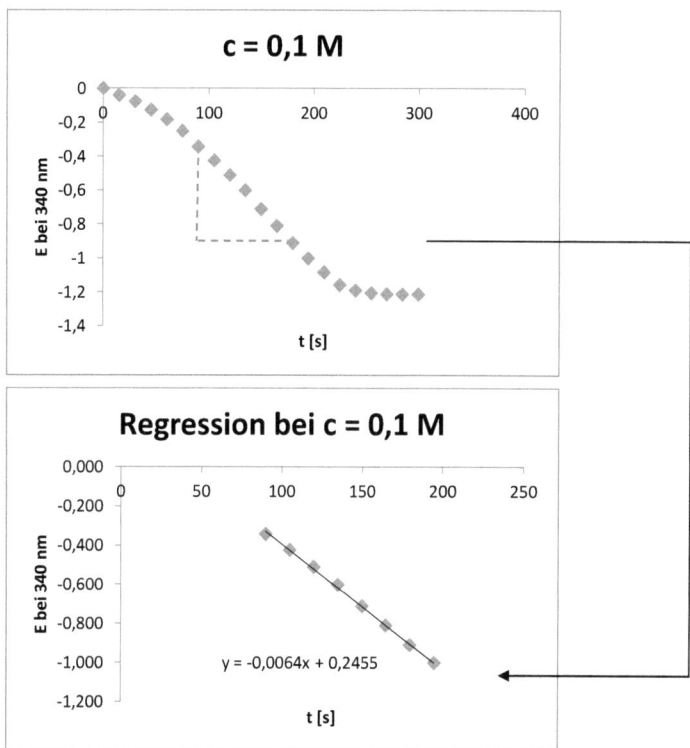

Graph 6: Absorption bei 340 nm bei einer Harnstoffkonzentration von 0,1 M inkl. Regressionsgerade

Die Steigung der Regressionsgeraden beträgt m= -0,0064 $[\frac{1}{s}]$ für die Auswertung bei einer Harnstoffkonzentration von 0,1 M.

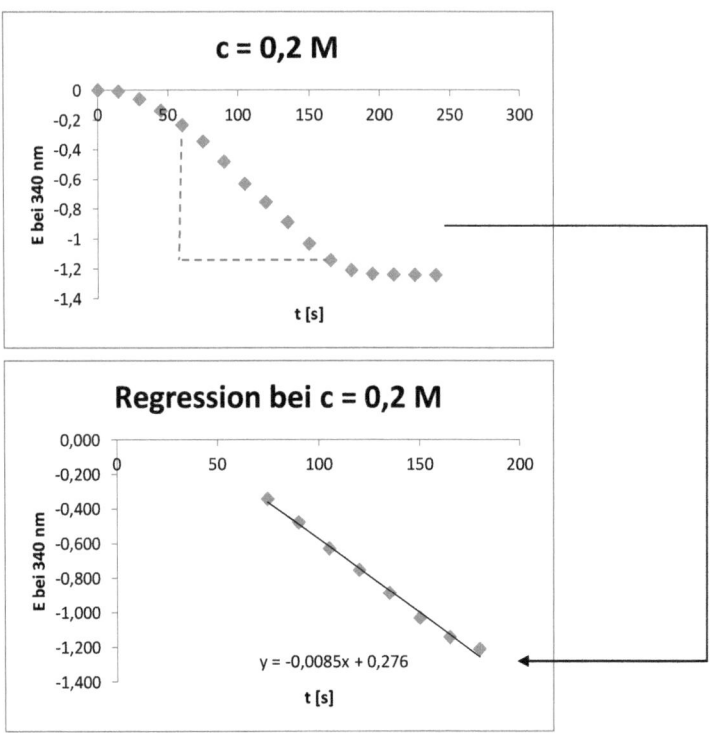

Graph 7: Absorption bei 340 nm bei einer Harnstoffkonzentration von 0,2 M inkl. Regressionsgerade

Die Steigung der Regressionsgeraden beträgt m= -0,0085 $[\frac{1}{s}]$ für die Auswertung bei einer Harnstoffkonzentration von 0,2 M.

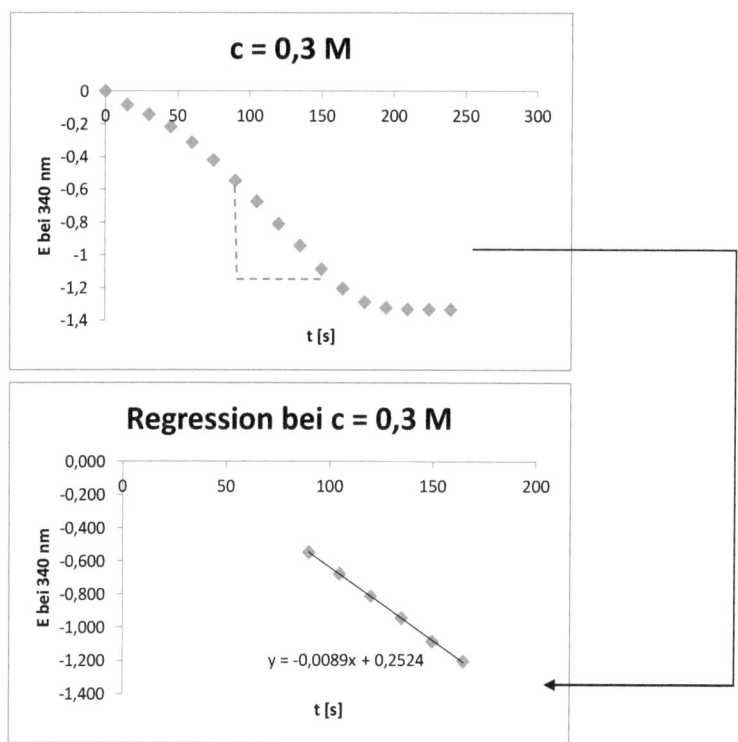

Graph 8: Absorption bei 340 nm bei einer Harnstoffkonzentration von 0,3 M inkl. Regressionsgerade

Die Steigung der Regressionsgeraden beträgt m= -0,0089 $[\frac{1}{s}]$ für die Auswertung bei einer Harnstoffkonzentration von 0,3 M.

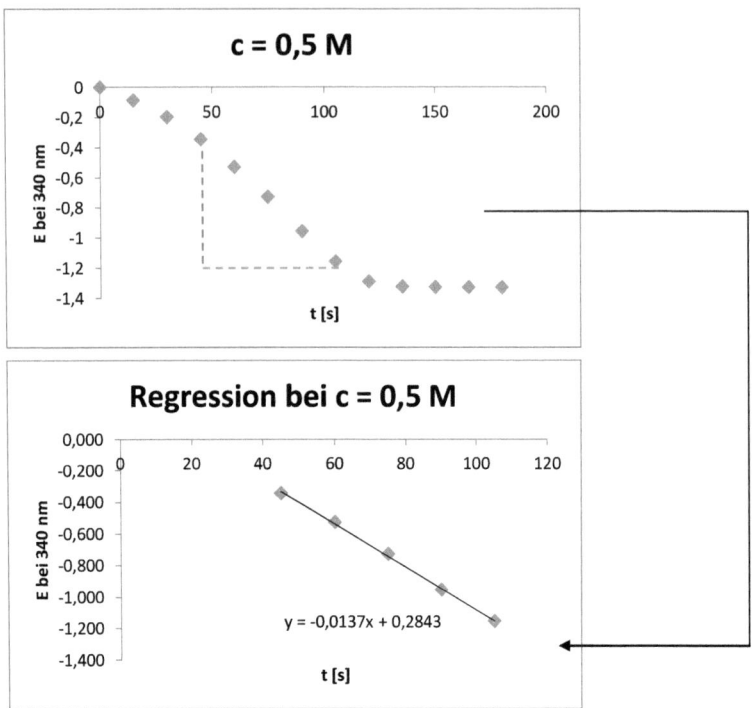

Graph 9: Absorption bei 340 nm bei einer Harnstoffkonzentration von 0,5 M inkl. Regressionsgerade

Die Steigung der Regressionsgeraden beträgt m= -0,0137 $[\frac{1}{s}]$ für die Auswertung bei einer Harnstoffkonzentration von 0,5 M.

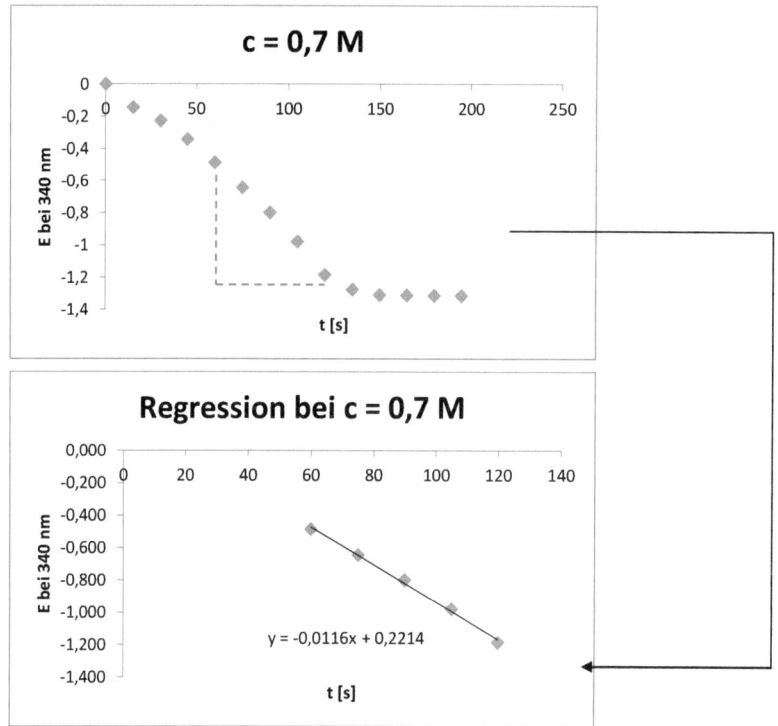

Graph 10: Absorption bei 340 nm bei einer Harnstoffkonzentration von 0,7 M inkl. Regressionsgerade

Die Steigung der Regressionsgeraden beträgt m= -0,0116 $[\frac{1}{s}]$ für die Auswertung bei einer Harnstoffkonzentration von 0,7 M.

Für die Auswertungen im Michaelis-Menten und Lineweaver-Burk Diagramm, müssen die tatsächliche Konzentration und die Anfangsgeschwindigkeit berechnet werden.

Die tatsächliche Konzentration wird mittels folgender Gleichung berechnet:

$$c_{tat} = \frac{c \cdot V_{Küvette}}{V_{ges}} = \frac{c}{30} \left[\frac{mol}{l}\right] (1)$$

Somit ergibt sich beispielsweise eine tatsächliche Konzentration für

$c_{Stock} = 0,03 \frac{mol}{l}$ von: $c_{tat} = \frac{0,03}{30} \frac{mol}{l} = 0,001 \frac{mol}{l}$.

Die Anfangsgeschwindigkeit v_0 lässt sich über das Lambert-Beer'sche Gesetz berechnen, dabei gilt: $E = \varepsilon \cdot c \cdot d$ (2)[1] für die Geschwindigkeit v gilt: $v = \frac{c}{t}$ (3)[2]. Durch Einsetzen der Konzentration aus dem Lambert-Beer'sch Gesetz (2) in die Gleichung für v (3) ergibt sich: $v = \frac{E}{\varepsilon \cdot d \cdot t}$ (4). Da bei dem gekoppeltem optischen Test mit GLDH zwei Mole Ammonium entstehen und somit zwei Mole Ammonium mit zwei Molen NADH zu zwei Molen NAD^+ oxidieren, muss die Reaktionsgeschwindigkeit durch den Faktor 2 dividiert werden, damit die Geschwindigkeit der Ureasereaktion ermittelt werden kann. Somit ergibt unter Einbezug des Faktors in Gleichung 4: $v = \frac{E}{2 \cdot \varepsilon \cdot d \cdot t}$ (5). Für $\frac{E}{t}$ wird der Betrag der Steigung der acht Regressionsgeraden eingesetzt.

Beispielhaft soll eine Rechnung zur Ermittlung der Anfangsgeschwindigkeit für eine Harnstoffkonzentration von 0,03 M aufgestellt werden. Der Betrag der Steigung beträgt in diesem Fall $0,006\ \frac{1}{s}$:

$$v = \frac{1}{2 \cdot 6,2 \cdot 10^3 \cdot 1} \cdot 0,006\ \frac{mol}{l \cdot s} = 4,84 \cdot 10^{-7}\ \frac{mol}{l \cdot s}$$

Aus den Rechnungen ergibt sich eine Tabelle mit folgenden Ergebnissen:

Tab. 11: Auflistung der Ergebnisse

$c_{Stock}[\frac{mol}{l}]$	$c_{tat}[\frac{mol}{l}]$	$\frac{\Delta E}{\Delta t}[\frac{1}{s}]$	$v_0[\frac{mol}{l \cdot s}]$	$\frac{1}{c_{tat}}[\frac{l}{mol}]$	$\frac{1}{v_0}[\frac{l \cdot s}{mol}]$
0,03	0,0010	-0,006	$4,84 \cdot 10^{-7}$	1000	$2,07 \cdot 10^6$
0,05	0,0017	-0,0067	$5,4 \cdot 10^{-7}$	588,24	$1,85 \cdot 10^6$
0,07	0,0023	-0,0059	$4,76 \cdot 10^{-7}$	434,78	$2,10 \cdot 10^6$
0,1	0,0033	-0,0064	$5,16 \cdot 10^{-7}$	303,03	$1,94 \cdot 10^6$
0,2	0,0067	-0,0085	$6,85 \cdot 10^{-7}$	149,25	$1,46 \cdot 10^6$
0,3	0,0100	-0,0089	$7,18 \cdot 10^{-7}$	100	$1,39 \cdot 10^6$
0,5	0,0167	-0,0137	$11,05 \cdot 10^{-7}$	59,88	$0,90 \cdot 10^6$
0,7	0,0233	-0,0116	$9,35 \cdot 10^{-7}$	42,92	$1,07 \cdot 10^6$

---

[1] E: Extinktion; ε: Extinktionskoeffizient, hier für NADH bei 340 nm 6,2 x 10^3 l mol^{-1} cm^{-1}; c: Konzentration; d: Schichtdicke der Küvette, 1 cm.
[2] v: Geschwindigkeit; c: Konzentration, t: Zeit.

Für die ermittelten Daten ergibt sich folgendes Michaelis-Menten Diagramm:

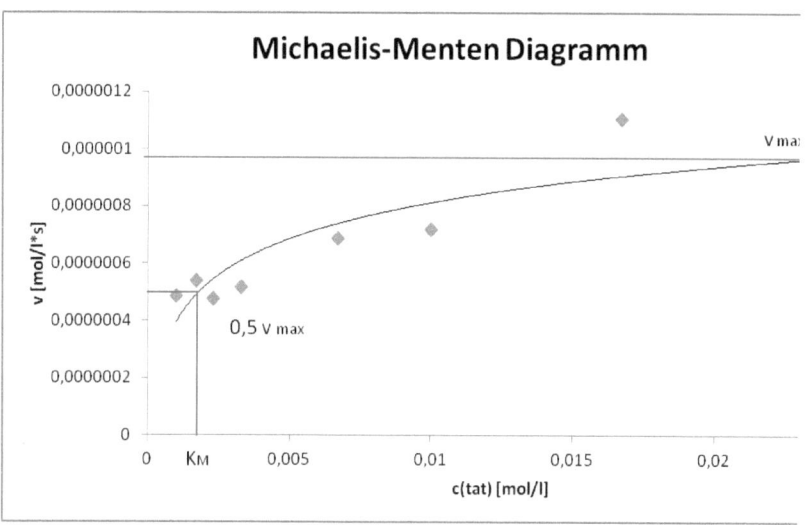

Graph 11: Michaelis-Menten Diagramm

Auf Basis des Michaelis-Menten Diagramms beträgt $v_{max} = 4,5 \cdot 10^{-7} \frac{mol}{l \cdot s}$ und $K_M = 0,002 \frac{mol}{l}$.

Für die ermittelten Daten ergibt sich folgendes Lineweaver-Burk Diagramm:

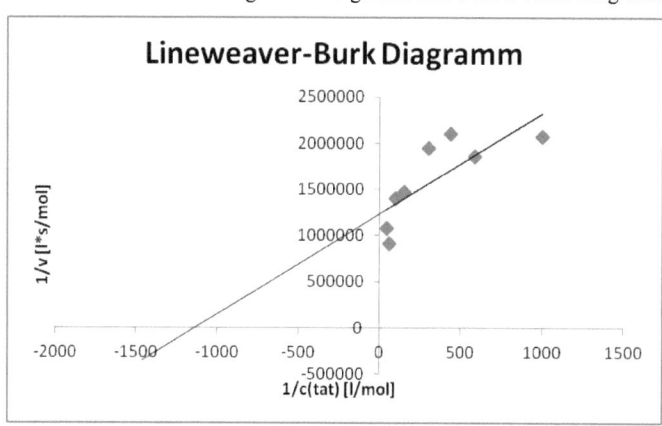

Graph 12: Lineweaver-Burk Diagramm

19

Auf Basis des Lineweaver-Burk Diagramms beträgt $v_{max} = 1,0 \cdot 10^{-6} \frac{mol}{l \cdot s}$ und

$K_M = 0,0011 \frac{mol}{l}$. Was anhand der Geradengleichung der Regressionsgeraden

ermittelt werden konnte: $y = 1090,6 \cdot x + 1 \cdot 10^6$

Die Enzymaktivität lässt sich über die erfolgten Angaben berechnen:

$$A = v_{max} \cdot V_{Küvette} \ (6)$$

Dies bedeutet für die beiden Auswertungen:

$$A_{MM} = 4,5 \cdot 10^{-7} \frac{mol}{l \cdot s} \cdot 1,5 \cdot 10^{-3} l = 6,75 \cdot 10^{-10} \left[\frac{mol}{s}\right] = 4,05 \cdot 10^{-2} U$$

$$A_{LB} = 1 \cdot 10^{-6} \cdot 1,5 \cdot 10^{-3} l = 1,5 \cdot 10^{-9} \left[\frac{mol}{s}\right] = 0,09 U$$

Die spezifische Aktivität lässt sich mit der Methode nach Bradford berechnen.

Am Versuchstag wurden dabei folgende Werte ermittelt:

Tab.10: BSA Extinktion bei 595 nm

BSA in µl	E bei 595 nm
0	0
1	0,246
2	0,293
3	0,388
4	0,492
5	0,615
6	0,661
7	0,697
8	0,787

Tab. 11: Unverdünnte Urease Extinktion bei 595 nm

Urease in µl	E bei 595 nm
0	0
2,5	0,099
5,0	0,241
10,0	0,349

Unter Berücksichtigung der Proteinmenge von BSA ergeben sich folgende Werte:

Tab. 12: BSA Extinktion bei 595 nm unter Berücksichtigung der Proteinmenge

Proteinmenge [µg]	E bei 595 nm
0	0
1,5	0,246
3,0	0,293
4,5	0,388
6,0	0,492
7,5	0,615
9,0	0,665
10,5	0,697
12,0	0,787

Mit diesen Werten kann ein Diagramm inklusive Ausgleichgeraden erstellt werden:

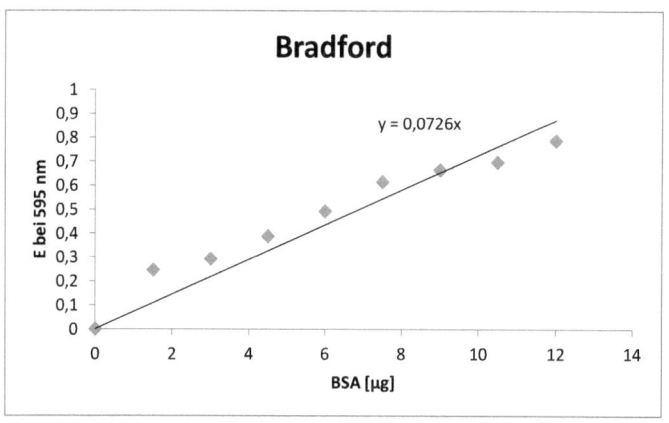

Graph 13: BSA-Eichgerade

Anhand der ermittelten Daten kann berechnet werden, wieviel Urease verwendet wurde.

Zur Berechnung der Proteinmenge wird die Eichgerade verwendet. Bei den y-Werten handelt es sich um die gemessenen Extinktionen; x stellt die Proteinmenge dar. Es gilt beispielhaft für eine Ureaselösung von 2,5 µl:

$y = 0{,}0726 \cdot x$ (7) wird umgeformt nach x, so dass $x = \frac{y}{0{,}0726}$ ist. Für die eingesetzten Werte folgt: $x = \frac{0{,}099}{0{,}0726} = 1{,}3636$.

Die Konzentration lässt sich mit dem Koeffizienten $\frac{Proteinmenge\ [\mu g]}{Ureaselösung\ [\mu l]}$ (8) berechnen.

Tab. 13: Ergebnisse für die Ureaseberechnung und Konzentration

Ureaselösung [µl]	E bei 595 nm	Proteinmenge [µg]	$c\left[\frac{\mu g}{\mu l}\right]$
2,5	0,099	1,3636	0,5454
5,0	0,241	3,3196	0,6639
10,0	0,349	4,8072	0,4807

So ergibt sich für die Proteinkonzentration ein Mittelwert von $0{,}5633\ \frac{\mu g}{\mu l}$.

Die Proteinmenge lässt sich mit dem Verdünnungsfaktor ermitteln, es gilt:

$$10 \mu l \cdot \frac{1}{20} \cdot 0{,}5633\ \frac{\mu g}{\mu l} = 0{,}2817\ \mu g\ (9).$$

Dies entspricht einer Menge von 0,0002817 mg.

Für die spezifische Aktivität gilt: $sp.A = \frac{A}{Proteinmenge} \left[\frac{U}{mg}\right]$ (10).

Durch Einsetzen der Aktivitäten aus dem Michaelis-Menten und dem Lineweaver-Burk Diagramm und der soeben ermittelten Proteinmenge folgen:

$$sp.A_{MM} = \frac{4,05 \cdot 10^{-2}U}{0,0002817\ mg} = 143,77\ \frac{U}{mg}$$

$$sp.A_{LB} = \frac{0,09U}{0,0002817\ mg} = 319,49\ \frac{U}{mg}$$

Zusammenfassend kann folgende Ergebnistabelle präsentiert werden:

Tab. 14: Zusammenfassung der Ergebnisse anhand Michaelis-Menten und Lineweaver-Burk

	MM	LB
$v_{max}\left[\frac{mol}{l \cdot s}\right]$	$4,5 \cdot 10^{-7}$	$1 \cdot 10^{-6}$
$K_M\left[\frac{mol}{l}\right]$	0,002	0,0011
A [U]	$4,05 \cdot 10^{-2}$	0,09
Sp. A $\left[\frac{U}{mg}\right]$	143,77	319,49

4 Diskussion

In der Diskussion werden das Michaelis-Menten und das Lineweaver-Burk Diagramm betrachtet. Bei Michaelis-Menten handelt es sich um eine nicht-lineare Darstellung, die durchaus ihre Nachteile hat. So ergeben sich Fehler in der K_M-Bestimmung, da der wahre Sättigungswert der Enzymkinetik experimentell nicht zu erreichen ist. Auch in dieser Auswertung ist aufgefallen, dass der Wert für v_{max} und somit auch für $\frac{1}{2}v_{max}$ nur geschätzt werden konnte, so handelt es sich auch bei der Ermittlung von K_M um eine Schätzung. Weiterhin können bei einem einzigen Datensatz verschiedene Hyperbelkurven angelegt werden, besonders tritt dies auf, wenn nur wenige Daten erhoben wurden, so wären dann die Daten für v_{max} und K_M unzulässig. Das Lineweaver-Burk Diagramm ist das gängigste Linearisierungsverfahren der Michaelis-Menten-Gleichung. Der Vorteil liegt darin, dass die Variablen getrennt voneinander aufgetragen werden. So sind Abweichungen von der Michaelis-Menten-Kinetik gut zu erkennen. Dies wurde auch durch den Versuch gezeigt. Allerdings gibt es auch Nachteile bei der Lineweaver-Burk-Darstellung, denn es entsteht eine Ungleichverteilung der Daten. Durch die reziproke Darstellung wird eine Stauchung der Daten verursacht. Dies wiederum wirkt sich auf v und deren Fehlergrenzen aus.

5 Literaturverzeichnis

Praktikumsskript zum Versuch G-03, Isolierung und Charakterisierung von Urease, Fakultät für Chemie und Biochemie der Ruhr-Universität Bochum, Lehrstuhl für Biochemie II des Ruhr-Universität Bochum. Zitiert als Skript.

Voet, Donald/ Voet, Judith G./ Pratt, Charlotte W.: Lehrbuch der Biochemie, Weinheim ²2010. Zitiert als Voet/Voet.

Internetquellen:

Bild von Urease: Internetdokument auf: http://www.hindawi.com/journals/bca/2010/364891.fig.001.jpg, letzter Zugriff am 20.06.2016.

Grafik von Urease: Internetdokument auf: http://2011.igem.org/wiki/images/thumb/2/29/Brown-Stanford-ureaseactive.JPG/300px-Brown-Stanford-ureaseactive.JPG , letzter Zugriff am 20.06.2016.